BEI GRIN MACHT SICH IHR WISSEN BEZAHLT

- Wir veröffentlichen Ihre Hausarbeit,
  Bachelor- und Masterarbeit

- Ihr eigenes eBook und Buch -
  weltweit in allen wichtigen Shops

- Verdienen Sie an jedem Verkauf

Jetzt bei www.GRIN.com hochladen
und kostenlos publizieren

Bibliografische Information der Deutschen Nationalbibliothek:

Die Deutsche Bibliothek verzeichnet diese Publikation in der Deutschen National-
bibliografie; detaillierte bibliografische Daten sind im Internet über http://dnb.d-
nb.de/ abrufbar.

Impressum:

Copyright © 2019 GRIN Verlag
Druck und Bindung: Books on Demand GmbH, Norderstedt Germany
ISBN: 9783668956650

Andree Horch

Wie laufen Bremsvorgänge von PKWs ohne ABS ab?

Eine Untersuchung mit dem Simulationsprogramm "Simulink"

GRIN Verlag

Inhaltsverzeichnis

Abbildungsverzeichnis

Tabellenverzeichnis

Abkürzungs- und Symbolverzeichnis

A	Stirnfläche des Fahrzeugs
ABS	Antiblockiersystem
c_1	Koeffizient für die Reibbeiwertberechnung
c_2	Koeffizient für die Reibbeiwertberechnung
c_3	Koeffizient für die Reibbeiwertberechnung
c_w	Luftwiderstandsbeiwert
F_L	Luftwiderstandskraft
F_{RV}	Wirkende Reibungskraft zwischen Latsch und Fahrbahn
F_V	Gewichtskraft auf ein Vorderrad
g	Erdbeschleunigung
J_R	Massenträgheitsmoment des Reifens
λ_V	Schlupf
m	Fahrzeugmasse
M_{BV}	angreifendes Bremsmoment an der Bremsscheibe
M_{TV}	d'Alembertsches Trägheitsmoment am Vorderrad
M_V	Radmoment am Vorderrad
μ_V	Reibungskoeffizient am Vorderrad
n	Nickfaktor für das Nicken des Fahrzeugs beim Bremsvorgang
φ_V	Drehwinkel des Rades
PKW	Personenkraftwagen
ρ	Luftdichte
r_R	Reifenradius
v_F	Fahrzeuggeschwindigkeit
$v_{F,0}$	Fahrzeuganfangsgeschwindigkeit
v_V	Radgeschwindigkeit

$\omega_V = \dot{\varphi}_V$ Winkelgeschwindigkeit des Rades

x_F Bremsweg

Formelverzeichnis

1 Einleitung

„Im Jahre 1885 lag bei dem von Wilhelm Maybach und Gottlieb Daimler gebauten berühmten „Reitwagen" die bauartbedingte Höchstgeschwindigkeit bei 12 km/h."[1] Aufgrund der hohen Reibwerte im Antriebsstrang verzögerten die ersten Personenkraftwagen (PKW) auch ohne die Betätigung der Bremse effektiv. Daher haben sich Ingenieure zunächst eher mit der Erhöhung der Motorleistung beschäftigt als mit der Funktion der Bremse.[2] Heutzutage ist das Bremssystem Bestandteil der sicherheitsrelevanten Systeme des Fahrzeugs. Von der Funktionstüchtigkeit des Bremssystems „in allen Fahrsituationen hängt die Sicherheit der Fahrzeuginsassen und der anderen Verkehrsteilnehmer ab."[3]

Die Vollbremsung auf gerader griffiger Fahrbahn mit einer Anfangsgeschwindigkeit von 100 km/h ist in Deutschland ein standardisierter Test.[4] Wie wirken sich unterschiedliche Fahrzeugkonfigurationen und Anfangsgeschwindigkeiten bei PKWs ohne Antiblockiersystem (ABS) auf den Bremsvorgang und konkret auf die Radgeschwindigkeiten aus?

Da die Testreihe auf öffentlichen Verkehrswegen sowie mit realen Fahrzeugen mit hohem Aufwand und Kosten verbunden wäre, findet die Untersuchung mit dem Simulationsprogramm „Simulink" statt. Dazu müssen die physikalischen Vorgänge beim Bremsvorgang zunächst in Differentialgleichungen erfasst und in ein Simulationsmodell überführt werden.

Nach den relevanten Begriffsbestimmungen und -erläuterungen geht es im Hauptteil um die Untersuchung von simulierten Bremsvorgängen von PKWs ohne ABS. Dazu werden die notwendigen Differentialgleichungen bestimmt und das Simulink-Modell konzipiert. Weiterhin werden in einer Versuchsreihe die Auswirkungen von verschiedenen PKW-Massen und -Anfangsgeschwindigkeiten sowie verschiedenen Bremsmomenten untersucht.

---

[1] Wolff, C., Grundlegendes zum Bremsvorgang, S. 16.
[2] vgl. Wolff, C., Grundlegendes zum Bremsvorgang, S. 16.
[3] Pischinger, S./Seiffert, U., Kraftfahrzeugtechnik, S. 746.
[4] vgl. Winner, H. u. a., Fahrerassistenzsysteme, S. 726 f.

2 Grundlagen

Der Begriff Bremsvorgang umfasst laut der Norm DIN[5] ISO[6] 611 „alle Vorgänge, die zwischen Beginn der Betätigung der (Brems-)Betätigungseinrichtung und dem Ende der Bremsung (Lösen der Bremse oder Fahrzeugstillstand) auftreten."[7]

Der Gesetzgeber hat Regelungen für Bremsanlagen eingeführt. Seit dem 1. November 2014 müssen in der EU neue Personenkraftwagen (PKW) die Regelung ECE R 13-H der Economic Commission for Europe einhalten. Hier sind u.a. Prüfmethoden sowie eine Blockierreihenfolge der Räder (bei PKW ohne Antiblockiersystem (ABS)) festgelegt.[8]
Bei PKW-Bremsanlagen wird zwischen Betriebs-, Hilfs- und Feststell-Bremsanlagen unterschieden. Die in diesem Assignment relevante „Betriebs-Bremsanlage wird über das Bremspedal betätigt und dient [...] zur Verzögerung des Fahrzeuges bis zum Stillstand."[9] Während Ende der 1980er Jahre die mittleren Bremswege aus 100 km/h ca. 50m betrugen, lagen diese Anfang der 2020er Jahre bei rund 37m.

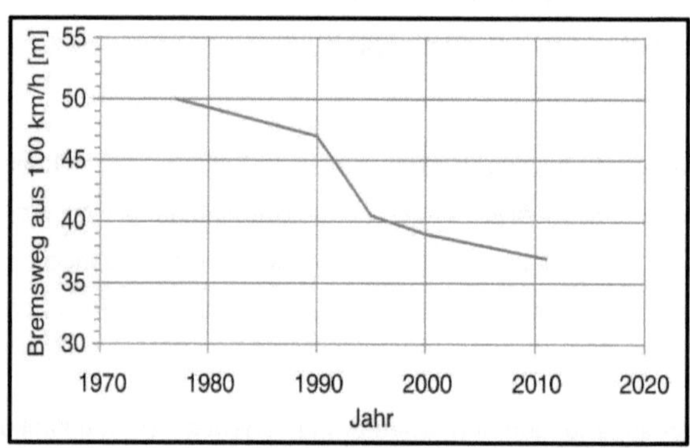

Abbildung 1 Bremswegentwicklung[10]

Die Verbesserungen sind einerseits im technischen Fortschritt der Bremssysteme und andererseits in der fortschreitenden Reifenentwicklung zu suchen.[11] „Im System

---

[5] DIN = Deutsches Institut für Normungen; vgl. o. V., DIN.
[6] ISO = International Organization for Standardization; vgl. o. V., ISO.
[7] Reif, K., Fahrzeug- und Motorentechnik, S. 130.
[8] vgl. Ersoy, M./Gies, S., Fahrwerkhandbuch, S. 323 f.
[9] Ersoy, M./Gies, S., Fahrwerkhandbuch, S. 321.
[10] Eichhorn, U. u. a., Fahrzeugtechnische Anforderungen, S. 29.
[11] vgl. Eichhorn, U. u. a., Fahrzeugtechnische Anforderungen, S. 29.

Fahrzeug/Straße nimmt der Reifen eine hervorragende Rolle ein: Als Bindeglied zwischen Fahrbahn und Fahrzeug überträgt er alle Kräfte und Momente [...]."[12]

Die wichtigsten Schritte zu heutigen Bremssystemen können u.a. in Pischinger, S./Seiffert, U., Kraftfahrzeugtechnik, S. 749 nachgelesen werden. Erwähnenswert in diesem Assignment ist das Jahr 1978, in dem das erste Serienfahrzeug mit elektronisch geregeltem ABS auf den Markt kam.[13] „Antiblockiersysteme erlauben Vollbremsungen ohne blockierende Räder. [...] Dabei erfassen die elektronisch geregelten Bremssysteme die Drehzahlen aller vier Räder und stellen durch individuelle Regelung des Radbremsdruckes die optimalen Schlupfverhältnisse ein."[14] Durch die stetige Weiterentwicklung und Verbesserung gehört das ABS „mittlerweile bei fast allen in Westeuropa neu zugelassenen Fahrzeugen zur Serienausstattung [...]."[15]

Der Begriff Simulation ist in der VDI[16]-Richtlinie 3633, Blatt 1 definiert: „Simulation ist das „Nachbilden eines Systems mit seinen dynamischen Prozessen in einem experimentierbaren Modell, um zu Erkenntnissen zu gelangen, die auf die Wirklichkeit übertragbar sind; insbesondere werden die Prozesse über die Zeit entwickelt.""[17]
Während des Entwicklungsprozesses unterstützen Simulationen bei der Reduktion von Kosten und Entwicklungszeit sowie bei der Steigerung der Produktqualität. Hierbei können u.a. Prototypen eingespart, zeitaufwändige Fahrzeugtests durch simulierte Tests ersetzt oder die Funktionalität und das Zeitverhalten optimiert werden.[18]

„Simulink ist eine interaktive grafische Entwicklungsumgebung zur Modellierung und Simulation linearer und nichtlinearer dynamischer Systeme mittels Signalflussgrafen [...]"[19]. Ein mathematisches Modell eines dynamischen Systems lässt sich durch Funktionsblöcke grafisch im Simulink-Editor nachbilden. So können „u. a. nichtlineare Zusammenhänge und viele Signalerzeugungen blockorientiert gewonnen werden."[20]

---

[12] Huinink, H./Volk, H./Becke, M., Interaktion Fahrbahn-Reifen-Bremse, S. 72.
[13] vgl. Pischinger, S./Seiffert, U., Kraftfahrzeugtechnik, S. 749.
[14] Huinink, H./Volk, H./Becke, M., Interaktion Fahrbahn-Reifen-Bremse, S. 82.
[15] Reif, K., Fahrzeug- und Motorentechnik, S. 133.
[16] VDI = Verein Deutscher Ingenieure; vgl. o. V., VDI.
[17] Tempelmeier, H., Modellierung logistischer Systeme, S. 2.
[18] vgl. Pickenhahn, J./Straub, T., Pkw-Bremsanlagen, S. 115.
[19] Pietruszka, W. D., MATLAB und Simulink, S. 167.
[20] Pietruszka, W. D., MATLAB und Simulink, S. 167.

3 Bremsvorgang ohne ABS

3.1 Bestimmen der Bewegungsgleichungen

„Zum Aufstellen der Bewegungsgleichungen müssen die Räder und das Fahrzeug getrennt betrachtet werden."[21] Zur Vereinfachung der Modellierung soll der Bremsvorgang zunächst nur an einem Vorderrad untersucht werden. In Abbildung 4 (S. V) sind die Kräfte und Drehmomente dargestellt. In der folgenden Tabelle findet sowohl eine Erläuterung der in Abbildung 4 abgebildeten Zeichen als auch eine Deklaration weiterer erforderlicher Konstanten statt.

Zeichen	Erläuterung
φ_V[22]	Drehwinkel des Rades; dient zur Beschreibung der Raddrehbewegung
$\omega_V = \dot{\varphi}_V$	Winkelgeschwindigkeit des Rades (Drehung im Uhrzeigersinn)
M_{BV}	angreifendes Bremsmoment an der Bremsscheibe in Nm (Drehung gegen den Uhrzeigersinn)
$r_R = 0{,}3\ m$	Reifenradius
F_V	Gewichtskraft auf das Rad
F_{RV}	Wirkende Reibungskraft zwischen Latsch und Fahrbahn
$J_R = 0{,}8\ kgm^2$	Massenträgheitsmoment des Reifens
m	Fahrzeugmasse in kg
$A = 2\ m^2$	Stirnfläche des Fahrzeugs
$c_w = 0{,}3$	Luftwiderstandsbeiwert
$\rho = 1{,}2\ kg/m^3$	Luftdichte
$g = 9{,}81\ m/s^2$	Erdbeschleunigung
$c_1 = 0{,}86$	Koeffizient für die Reibbeiwertberechnung
$c_2 = 33{,}82$	Koeffizient für die Reibbeiwertberechnung
$c_3 = 0{,}36$	Koeffizient für die Reibbeiwertberechnung
$n = 1{,}5$	Nickfaktor für das Nicken des Fahrzeugs beim Bremsvorgang

Tabelle 1 Zeichen und Konstanten für den Bremsvorgang

---

[21] Scherf, H., AKAD-Studienbrief SYA812-RE, S. 36.
[22] Zur Kennzeichnung von Parametern, die nur für ein Vorderrad gelten, dient ein tiefgestelltes „V".

Das Produkt aus Reibungskraft F_{RV} und Reifenradius r_R ergibt das Radmoment:

$$M_V = F_{RV} * r_R$$

Formel 1 Radmoment an einem Vorderrad[23]

Die Reibungskraft F_{RV} ist das Produkt aus der Gewichtskraft F_V und dem Reibungskoeffizienten μ_V. Vereinfachend wirkt auf jedes Rad ein Viertel der Fahrzeugmasse. Beim Bremsvorgang nickt das Fahrzeug nach vorne und es kommt „zu einer Belastung der Vorderachse und einer entsprechenden Entlastung der Hinterachse."[24] Daher wird ein Nickfaktor n eingefügt. Die Reibungskraft F_{RV} ist demnach:

$$F_{RV} = \mu_V * F_V = \mu_V * \frac{m * n}{4} * g$$

Formel 2 Reibungskraft an einem Vorderrad beim Bremsvorgang

Der Reibungskoeffizient μ_V ist durch Formel 3 definiert:

$$\mu_V = c_1 * \left(1 - e^{-c_2 * \lambda_V}\right) - c_3 * \lambda_V$$

Formel 3 Reibungskoeffizient an einem Vorderrad beim Bremsvorgang[25]

Darin enthalten ist der Schlupf λ_V, der sich aus der Fahrzeuggeschwindigkeit v_F und der Radgeschwindigkeit v_V berechnen lässt.

$$\lambda_V = \frac{v_F - v_V}{v_F} = \frac{v_F - r_R * \omega_V}{v_F}, wobei\ v_F\ und\ v_V\ in\ [m/s]$$

Formel 4 Schlupf an einem Vorderrad beim Bremsvorgang[26]

„Das Momentengleichgewicht um den Radmittelpunkt liefert die Bewegungsgleichung des Rades."[27] Es lässt sich nach dem d'Alembert'schen Prinzip[28] (Gleichgewicht der Momente)[29] mit dem d'Alembert'schen Trägheitsmoment $M_{TV} = J_R * \ddot{\varphi}_V$ herleiten. M_{TV} wirkt dabei entgegen der Raddrehrichtung.

$$M_{TV} = M_V - M_{BV}\ \text{ergibt durch Einsetzen der Variablen}$$

$$J_R * \ddot{\varphi}_V = F_{RV} * r_R - M_{BV}$$

Formel 5 Momentengleichgewicht eines Vorderrades[30]

---

[23] in Anlehnung an Scherf, H., AKAD-Studienbrief SYA812-RE, S. 36 f.
[24] Wolff, C., Grundlegendes zum Bremsvorgang, S. 22.
[25] in Anlehnung an Scherf, H., AKAD-Studienbrief SYA812-RE, S. 37.
[26] in Anlehnung an Reif, K., Fahrzeug- und Motorentechnik, S. 118.
[27] Scherf, H., AKAD-Studienbrief SYA812-RE, S. 37.
[28] Nach Jean Le Rond d'Alembert (1717-1783); vgl. Roddeck, W., Einführung in die Mechatronik, S. 89.
[29] Das Gleichgewicht der Momente bedeutet, dass die Summe aller vorhandenen Momente „Null" ergeben muss; vgl. Roddeck, W., Einführung in die Mechatronik, S. 93.
[30] in Anlehnung an Scherf, H., AKAD-Studienbrief SYA812-RE, S. 37.

„Zum Aufstellen der Bewegungsgleichung des Fahrzeugs muss dieses freigeschnitten und die Kräfte sowie Drehmomente müssen eingetragen werden [s. Abbildung 5, S. V].“[31] Aus den abgebildeten Kräften in Abbildung 5 lässt sich ein Kräftegleichgewicht[32] herleiten. Die d'Alembert'sche Trägheitskraft $m * \ddot{x}_F$ sowie die Reibungs- und Luftwiderstandskraft F_R bzw. F_L wirken gegen den Weg x_F des Fahrzeugs. Die Reibungskraft setzt sich aus den Reibungskräften der beiden Vorderräder F_{RV} zusammen.

$$m * \ddot{x}_F = -F_R - F_L = -2F_{RV} - F_L$$

Formel 6 Kräftegleichgewicht des Fahrzeugs[33]

Die Luftwiderstandskraft F_L hängt von der Luftdichte ρ , dem Fahrzeugbauformbedingten Luftwiderstandsbeiwert c_w, der Stirnfläche A des Fahrzeugs und der quadrierten Fahrgeschwindigkeit v ab.[34] „Ohne Gegenwind ist diese Geschwindigkeit gleich der Fahrzeuggeschwindigkeit v_F.“[35]

$$F_L = c_w * A * \frac{\rho}{2} * v_F^2$$

Formel 7 Luftwiderstandskraft des Fahrzeugs[36]

3.2 Modellbildung

Aus den ermittelten Formeln (Formel 1 bis Formel 7) wurden die Blockschaltbilder in den Abbildungen Abbildung 6 bis Abbildung 12 (S. VI bis VII) in „Simulink" modelliert. Abweichend zu Formel 2 sind in Abbildung 7 beide Vorderräder in das Blockmodell modelliert. Dies wirkt sich gleichermaßen auf Abbildung 10 und Abbildung 11 aus.

Aus diesen einzelnen Blockschaltbildern und kleinen Ergänzungen entstand das in Abbildung 13 (S. VIII) abgebildete Simulink-Modell. Hinzugefügt wurde das Element „scope" zur Anzeige von Schlupf, Bremsweg und der Rad- und Fahrzeuggeschwindigkeiten (in km/h) sowie oben links im Bild die Anfangsgeschwindigkeit $v_{F,0}$, die für die Initialisierung der verbundenen Integrator-

---

[31] Scherf, H., AKAD-Studienbrief SYA812-RE, S. 38.
[32] Kräftegleichgewicht bedeutet, dass die Summe aller vorhandenen Kräfte „Null" ergeben muss; vgl. Roddeck, W., Einführung in die Mechatronik, S. 89.
[33] in Anlehnung an Scherf, H., AKAD-Studienbrief SYA812-RE, S. 39.
[34] vgl. Reif, K., Fahrzeug- und Motorentechnik, S. 127.
[35] Scherf, H., AKAD-Studienbrief SYA812-RE, S. 38.
[36] in Anlehnung an Pischinger, S./Seiffert, U., Kraftfahrzeugtechnik, S. 60.

Bausteine benötigt wird. Weiterhin wurde das STOP-Schild zum Beenden der Simulation mit der Bedingung $v_F \leq 0,01\ m/s$ eingefügt.

Die Konfigurationswerte der Modell-Parameter sind Abbildung 14 (S. IX) zu entnehmen. In den Versuchsreihen des nächsten Kapitels wurden die Werte für „m" und „$v_{F,0}$" bzw. „M_{BV}" variiert.

3.3 Simulation von Bremsvorgängen

In diesem Kapitel werden zwei Versuchsreihen durchgeführt. Im ersten Teil werden je drei unterschiedliche realistische Fahrzeugmassen bei verschiedenen Anfangsfahrzeuggeschwindigkeiten simuliert. Im zweiten Teil finden Simulationen mit verschiedenen Bremsmomenten unter sonst gleichen Bedingungen statt.

3.3.1 Versuchsreihe eins

Die Simulationsergebnisse in Form von Bremsweg-Zeit-, Schlupf-Zeit- sowie Fahrzeug- und Radgeschwindigkeit-Zeit-Diagrammen für verschiedene Anfangsgeschwindigkeiten $v_{F,0}$ und Fahrzeugmassen m werden in den Abbildungen Abbildung 15 bis Abbildung 23 (S. X bis XVIII) dargestellt. Bei genauem Hinsehen ist erkennbar, dass bei jeweils gleichem $v_{F,0}$ die Vorderräder bei größerem m erst etwas später blockieren, also $v_V = 0\ \frac{km}{h}$ erreichen. Ferner ist ein längerer Bremsweg x_F bei größerer Fahrzeugmasse m erkennbar. Eine Übersicht der Bremswege x_F befindet sich in Tabelle 2 (S. XXVII), die die Werte für die folgende Abbildung liefert.

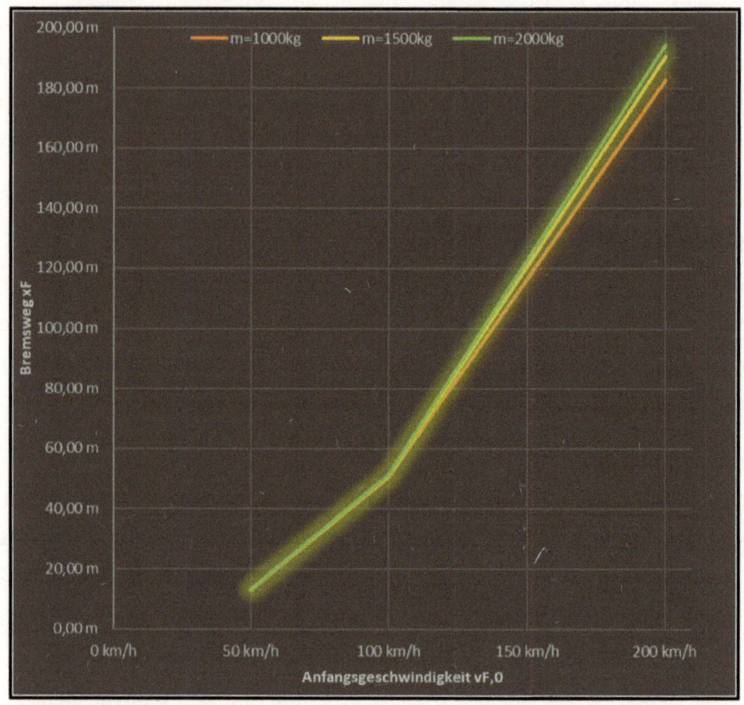

Abbildung 2 Anfangsgeschwindigkeit-Bremsweg-Diagramm für verschiedene Massen

Anhand der Geraden ist der längere Bremsweg bei einer höheren Anfangsgeschwindigkeit sowie jeweils bei größerer Fahrzeugmasse gut erkennbar. Bei $v_{F,0} = 200 \frac{km}{h}$ besitzt der schwerste PKW einen ~12m bzw. ~6% längeren Bremsweg gegenüber dem leichtesten PKW. Bei einer Verdopplung der Anfangsgeschwindigkeit vervierfacht sich der Bremsweg ungefähr.

3.3.2 Versuchsreihe zwei

Wie sieht der Bremsvorgang bei verschiedenen Bremsmomenten M_{BV} aus? Dazu wurden Simulationen unter folgenden Bedingungen durchgeführt: $v_{F,0} = 100 \frac{km}{h}, m = 1500 \, kg$. Abbildung 24 bis Abbildung 31 (S. XIX bis XXVI) stellen die zeitlichen Aufzeichnungen dar. Auffallend ist hier, dass die Vorderräder bei einem Bremsmoment $M_{BV} < 2700 \, Nm$ nicht blockieren (Schlupf $\lambda_V < 1$). Die Radgeschwindigkeiten der Vorderräder sind minimal kleiner als die Fahrzeuggeschwindigkeit. Bei $M_{BV} \geq 2700\,Nm$ blockieren die Vorderräder während des Bremsvorganges; der Schlupf ist dabei $\lambda_V = 1$. Eine Übersicht der Bremswege x_F findet sich in Tabelle 3 (S. XXVII), die die Werte für die folgende Abbildung liefert.

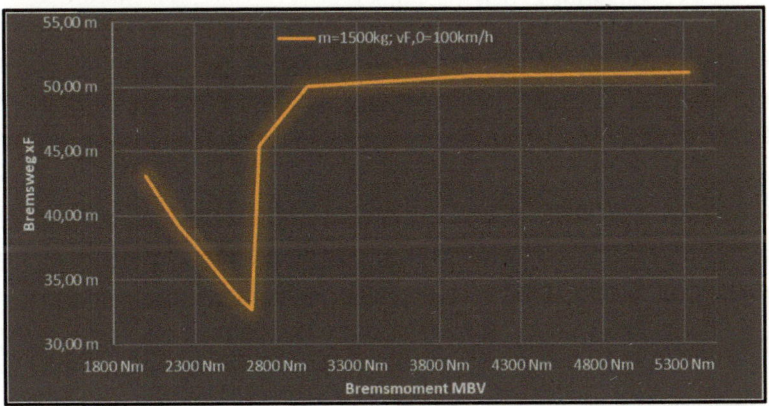

Abbildung 3 Bremsmoment-Bremsweg-Diagramm

Aus dieser Kurve lässt sich ablesen, dass durch Erhöhen des Bremsmomentes von $M_{BV} = 2000\,Nm$ bis $M_{BV} = 2650\,Nm$ der Bremsweg verkürzt, bei einer weiteren Erhöhung ab $M_{BV} \geq 2700\,Nm$ jedoch signifikant verlängert wird und einen Grenzwert $x_F \approx 51m$ anstrebt. Der längste Bremsweg ist 56% länger als der Kürzeste!

3.4 Auswertung und kritische Betrachtung

„Oberstes Ziel für eine gute Bremsenauslegung muss es sein, dass das Fahrzeug beim Bremsvorgang einen kurzen Bremsweg erzielt [...]. Wesentlich hierbei ist die Betrachtung der Bremskräfte an Vorder- und Hinterachse zur Optimierung der Fahrzeugverzögerung unter Berücksichtigung verschiedener Fahrzeugkonfigurationen und Beladungszustände."[37] In den beiden Versuchsreihen können Teilaspekte hiervon wiedergefunden werden:

1. Das Verhalten in Versuchsreihe zwei ist auf das Blockieren der Räder zurückzuführen: Sobald der Schlupf $\lambda_V = 1 = 100\%$ erreicht, sinkt der Reibwert

---

[37] Wolff, C., Grundlegendes zum Bremsvorgang, S. 21.

der Räder ab und das Fahrzeug verzögert schlechter. Den kürzesten Bremsweg erzielte das modellierte Fahrzeug mit einem konstanten Bremsmoment von $M_{BV} = 2650\,Nm$ an der Vorderachse bei einem Schlupf von $\lambda_V = 0{,}095 = 9{,}5\%$ (s. Abbildung 28, S. XXIII). Dabei findet trotz Abwesenheit eines Antiblockiersystems (ABS) kein Blockieren der Räder statt.

2. In Versuchsreihe eins werden bei verschiedenen Fahrzeugmassen (Fahrzeugkonfigurationen) bei sonst gleichen Bedingungen unterschiedliche Bremsvorgänge beobachtet. Dies ist darauf zurückzuführen, dass mit dem gleichen Bremsmoment $M_{BV} = 5335\,Nm$ simuliert wurde. Dieses Bremsmoment ist für keines der Fahrzeugkonfigurationen optimal: die Vorderräder blockieren und der Bremsweg ist bei schwereren Fahrzeugen länger. Ein schweres Auto, dass direkt hinter einem leichteren Fahrzeug fährt, würde bei Not-/Vollbremsungen aus einer Anfangsgeschwindigkeit von z.B. 200 km/h auf das leichtere Auto auffahren, wenn der Bremsvorgang ab derselben Position beginnt. Deshalb muss für jede Fahrzeugkonfiguration das optimale Bremsmoment ermittelt werden. Denn: „Das erforderliche Bremsmoment ergibt sich aus dem Fahrzeuggewicht und der zu erreichenden Verzögerung."[38]

Aus Vereinfachungsgründen wurden im erstellten Modell die Hinterachse und somit die Hinterradbremsen nicht betrachtet. Obwohl die Vorderradbremsen für eine schnelle Verzögerung des Fahrzeuges beim Geradeausbremsen bedeutender sind, unterstützen die Hinterradbremsen nicht unerheblich. „Die Bremskräfte sind auf Vorder- und Hinterachse so zu verteilen, dass sie innerhalb der Grenzen liegen, die durch die Forderungen nach „Stabilität" und kurzem „Bremsweg" gegeben sind. Hierbei ist zu beachten, dass sich beide Grenzen beladungsabhängig ändern, und zwar nicht durch die Zuladung direkt, wohl aber durch die Verlagerung des Schwerpunktes infolge der Zuladung."[39] Neben diesem Aspekt werden bei der Auslegung moderner Bremssysteme beispielsweise Veränderungen der Radlasten sowie aerodynamische Maßnahmen berücksichtigt.[40]

---

[38] Ersoy, M./Gies, S., Fahrwerkhandbuch, S. 328.
[39] Wolff, C., Grundlegendes zum Bremsvorgang, S. 22.
[40] vgl. Eichhorn, U. u. a., Fahrzeugtechnische Anforderungen, S. 29.

Für das sichere Fahren mit PKWs ohne ABS sind damit sowohl die Auslegung der Bremsanlage als auch die Dosierung des Bremspedaldrucks durch den Fahrer entscheidend. Der Fahrer hat die Aufgabe, durch Betätigung des Bremspedals das Blockieren der Räder durch das Bremsmoment zu verhindern, aber auch nicht zu sanft auf das Bremspedal zu treten. Ansonsten verlängert sich der Bremsweg gravierend wie in der Versuchsreihe zwei festgestellt wurde. Ein weiteres Problem im gegenwärtigen Straßenverkehr für den Fahrer eines solchen PKWs sind die vielen anderen technisch weiterentwickelten PKWs mit reproduzierbar kurzen Bremswegen (s. Abbildung 1), bei denen der Bremsvorgang computergesteuert optimiert wird. Ein Sicherheitsabstand zum vorausfahrenden Fahrzeug ist folglich unerlässlich.

4 Fazit

Zu Beginn wurden die zentralen Begriffe dieses Assignments erläutert. Der Begriff Bremsvorgang umfasst alle Vorgänge, die zwischen Beginn und Ende der Bremsung auftreten. Der Gesetzgeber hat Regelungen für Bremsanlagen eingeführt, die für neue Personenkraftwagen (PKW) gelten. Hier sind u.a. Prüfmethoden sowie eine Blockierreihenfolge der Räder festgelegt. Seit den 1980er Jahren haben neben dem wichtigen Antiblockiersystem (ABS) viele weitere Entwicklungen die durchschnittlichen Bremswege von 50m auf unter mittlerweile 37m verkürzt. ABS erlaubt Vollbremsungen ohne blockierende Räder. Simulationen unterstützen häufig Entwicklungen, sparen Kosten und Entwicklungszeit ein und steigern die Produktqualität. Das Simulationsprogramm „Simulink" ist eine grafische Entwicklungsumgebung zur Modellierung und Simulation dynamischer Systeme.

Bei der Bestimmung der Bewegungsgleichungen für den Bremsvorgang ohne ABS müssen die Räder und das Fahrzeug getrennt betrachtet werden. Es treten verschiedene Kräfte und Momente am Rad sowie weitere Kräfte am Fahrzeug auf. Die auftretenden Reibwerte zwischen den Reifen und der Fahrbahn verzögern den PKW bis zum Stillstand. Unter Schlupf wird die Differenz zwischen Fahrzeug- und Radgeschwindigkeit verstanden. Bei 100% Schlupf blockiert das Rad und der PKW rutscht mit verminderten Reibwerten über die Fahrbahn. In zwei Versuchsreihen wurde mittels Simulationen festgestellt, dass blockierte Räder den Bremsweg deutlich verlängern und dass unter sonst gleichen Bedingungen eine höhere Fahrzeugmasse den Bremsweg geringfügig verlängert. Für jede Fahrzeugkonfiguration muss das Bremssystem mit dem optimalen Bremsmoment eingestellt werden. Für das sichere Abbremsen eines PKWs ohne ABS ist unter diesen Aspekten im Straßenverkehr mit anderen technisch weiterentwickelten PKWs mit kürzeren Bremswegen der Sicherheitsabstand in Gefahrensituationen entscheidend.

Im dritten Kapitel wurde ein vereinfachtes Modell entwickelt. Weitere Erkenntnisse können durch das Einbeziehen von Bremsvorgängen an jedem Rad sowie die Berücksichtigung des Schwerpunkts des PKWs und einer Verschiebung dessen bei Zuladung gewonnen werden. Weiterhin wurde erwähnt, dass Fortschritte in der Reifenentwicklung gemacht wurden, die ebenfalls Auswirkungen auf das Bremsverhalten besitzen. Diese bedürfen einer tieferen Betrachtung.

Anhang

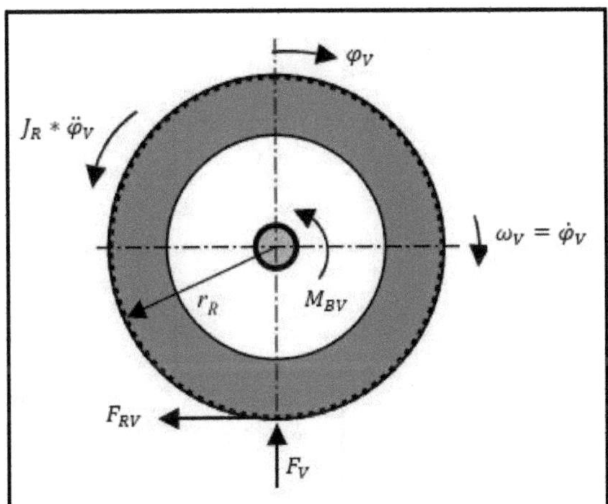

Abbildung 4 Freigeschnittenes Vorderrad[41]

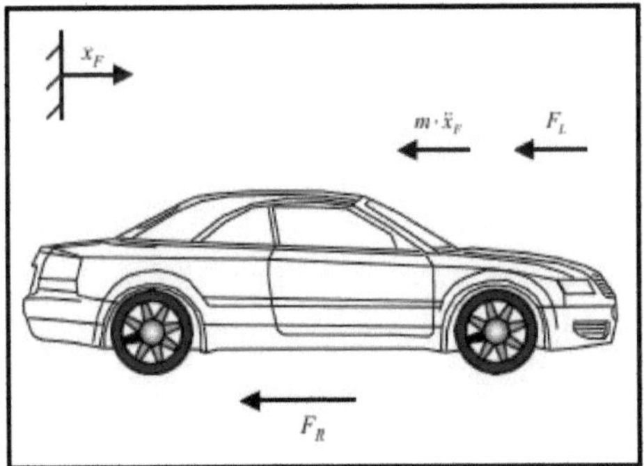

Abbildung 5 Freigeschnittenes Fahrzeug[42]

---

[41] in Anlehnung an Scherf, H., AKAD-Studienbrief SYA812-RE, S. 37.
[42] vergleiche Scherf, H., AKAD-Studienbrief SYA812-RE, S. 38.

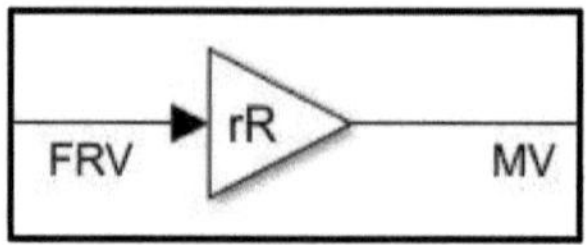

Abbildung 6 Blockschaltbild zu Formel 1

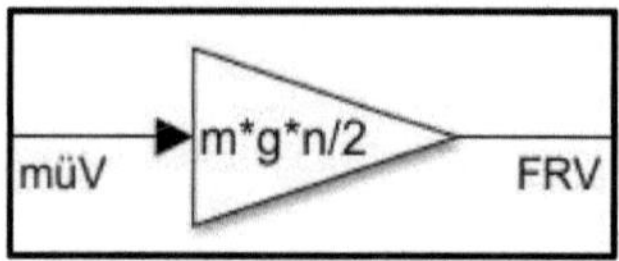

Abbildung 7 Blockschaltbild zu Formel 2

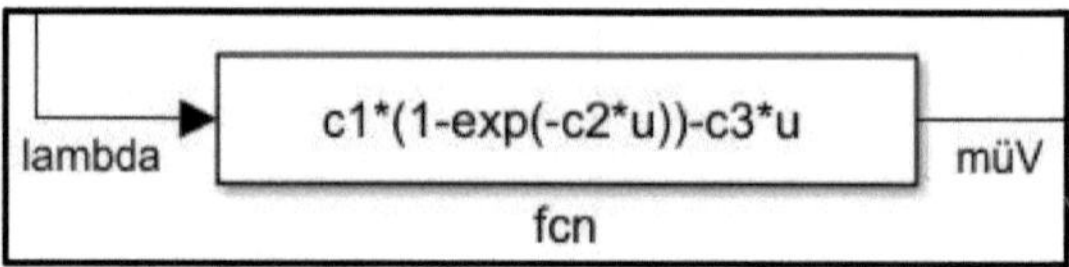

Abbildung 8 Blockschaltbild zu Formel 3

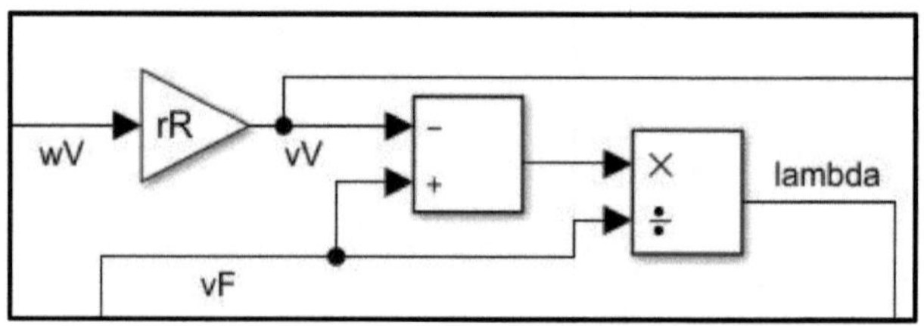

Abbildung 9 Blockschaltbild zu Formel 4

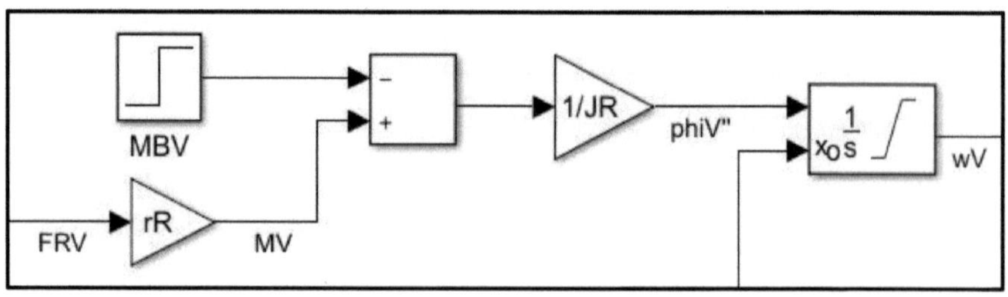

Abbildung 10 Blockschaltbild zu Formel 5

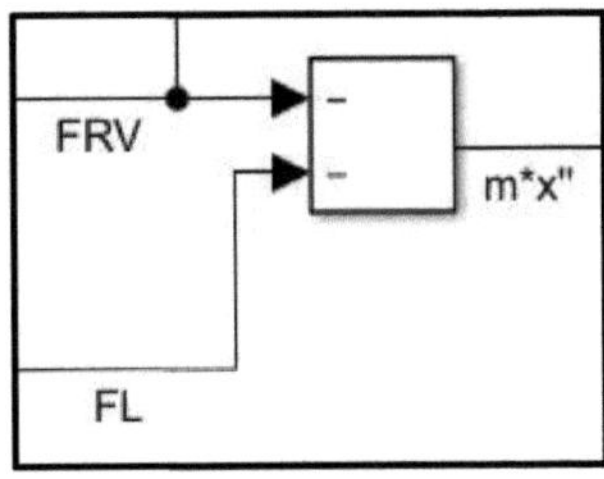

Abbildung 11 Blockschaltbild zu Formel 6

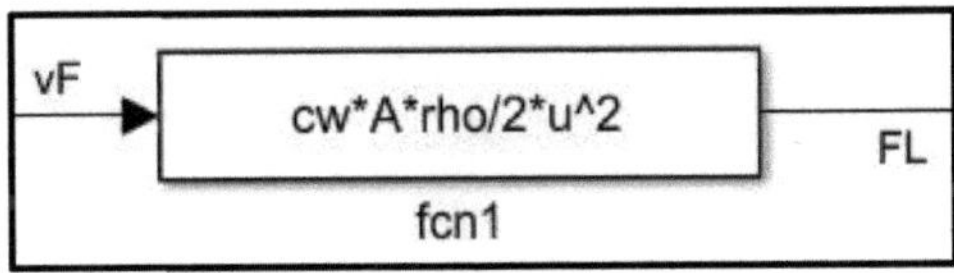

Abbildung 12 Blockschaltbild zu Formel 7

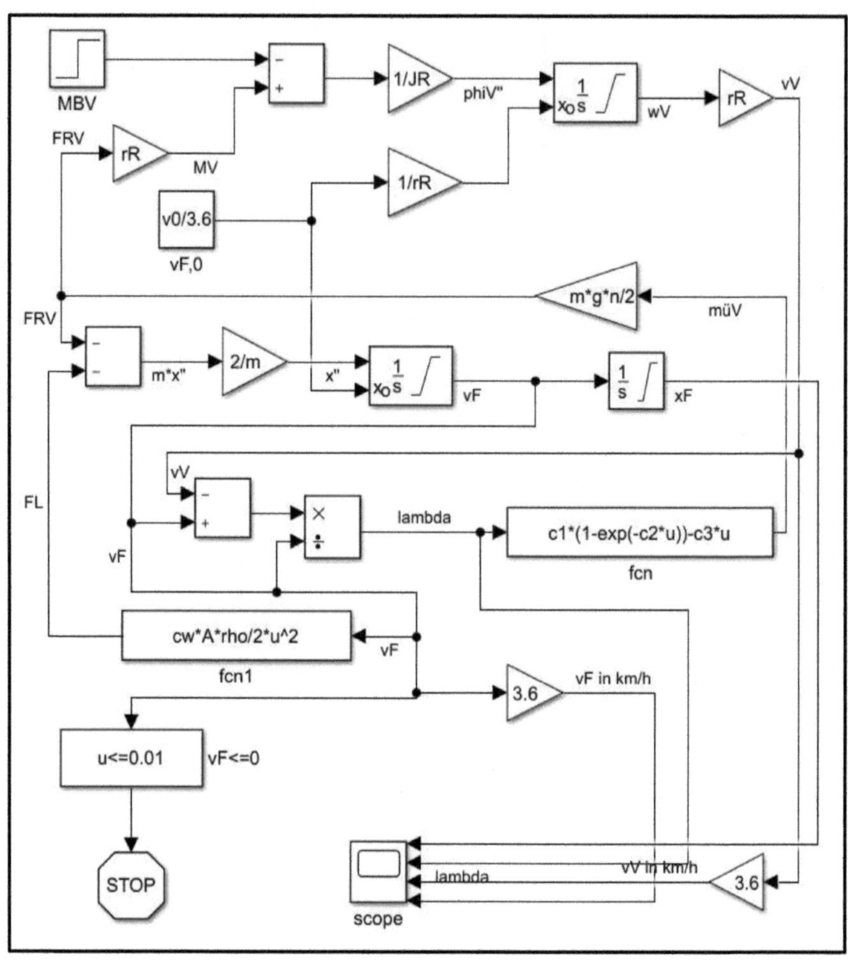

Abbildung 13 Simulink-Modell "Bremsweg ohne ABS"

Name	Value
A	2
JR	0.8
c1	0.86
c2	33.82
c3	0.36
cw	0.3
g	9.81
m	1000
n	1.5
rR	0.3
rho	1.2
v0	100
MB	5335

Abbildung 14 Parameter-Konfiguration des Modells

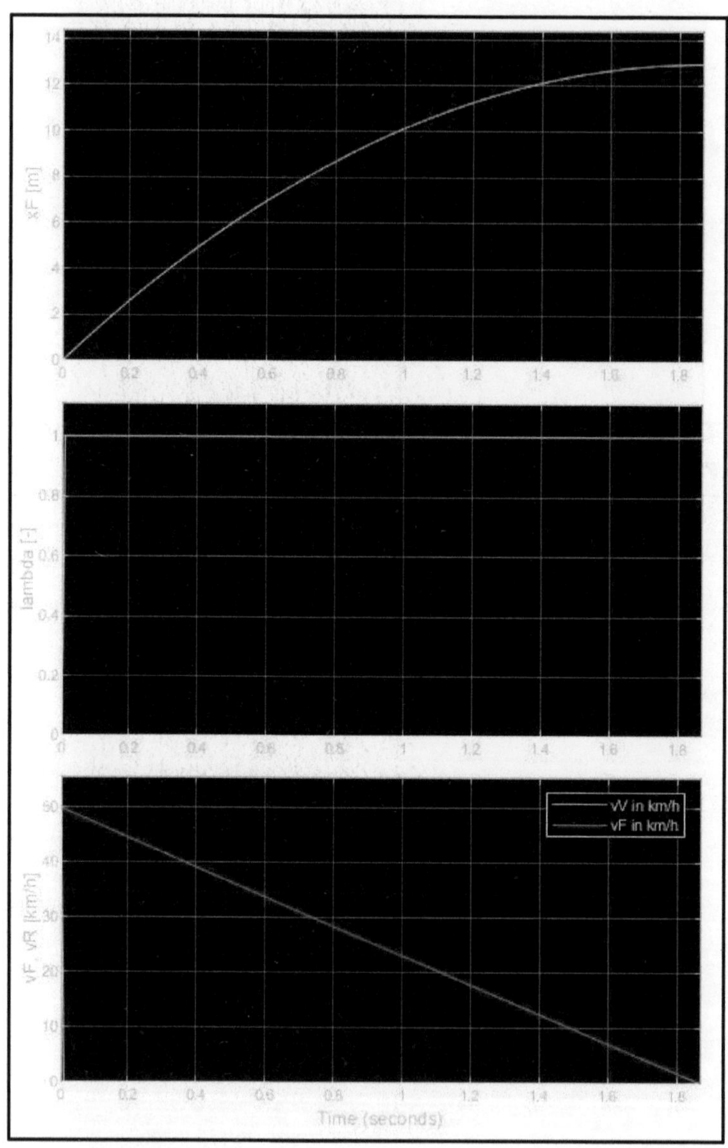

Abbildung 15 Simulationsaufzeichnung mit m=1000 kg und v0=50 km/h

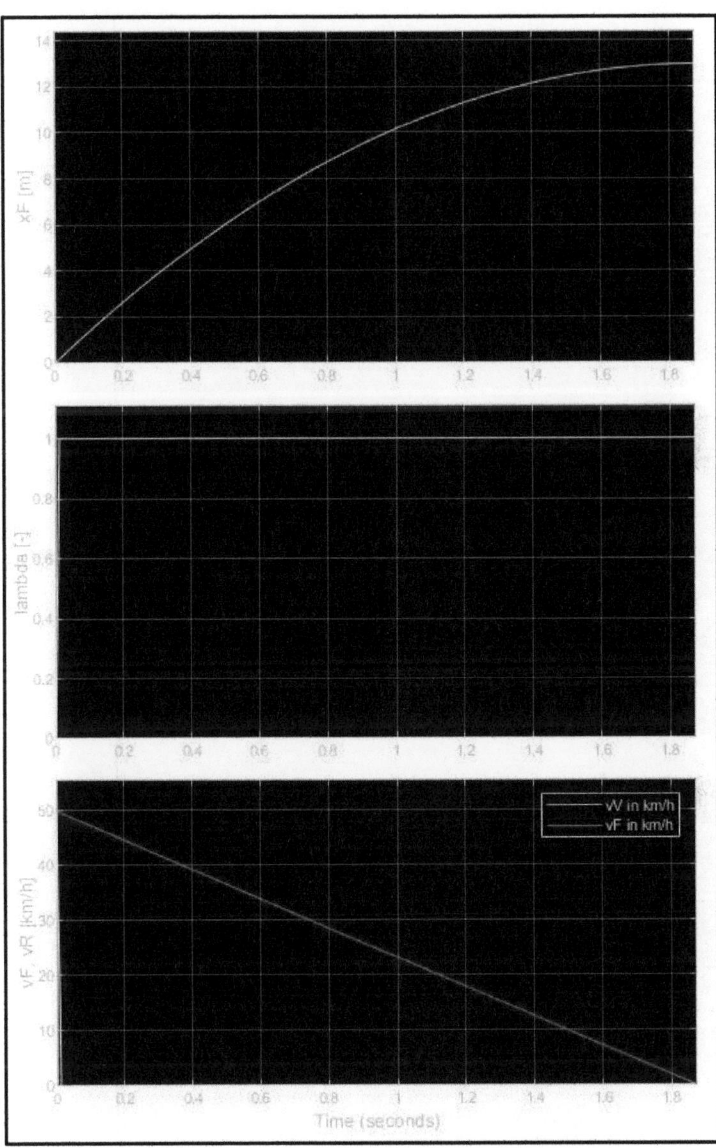

Abbildung 16 Simulationsaufzeichnung mit m=1500 kg und v0=50 km/h

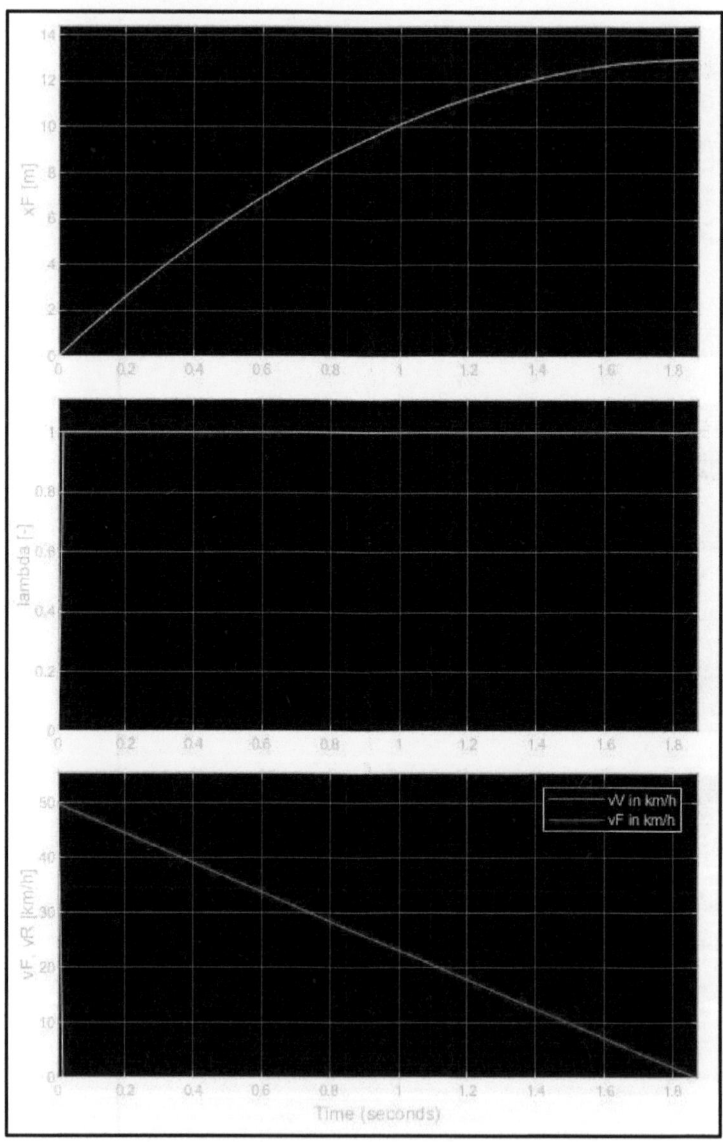

Abbildung 17 Simulationsaufzeichnung mit m=2000 kg und v0=50 km/h

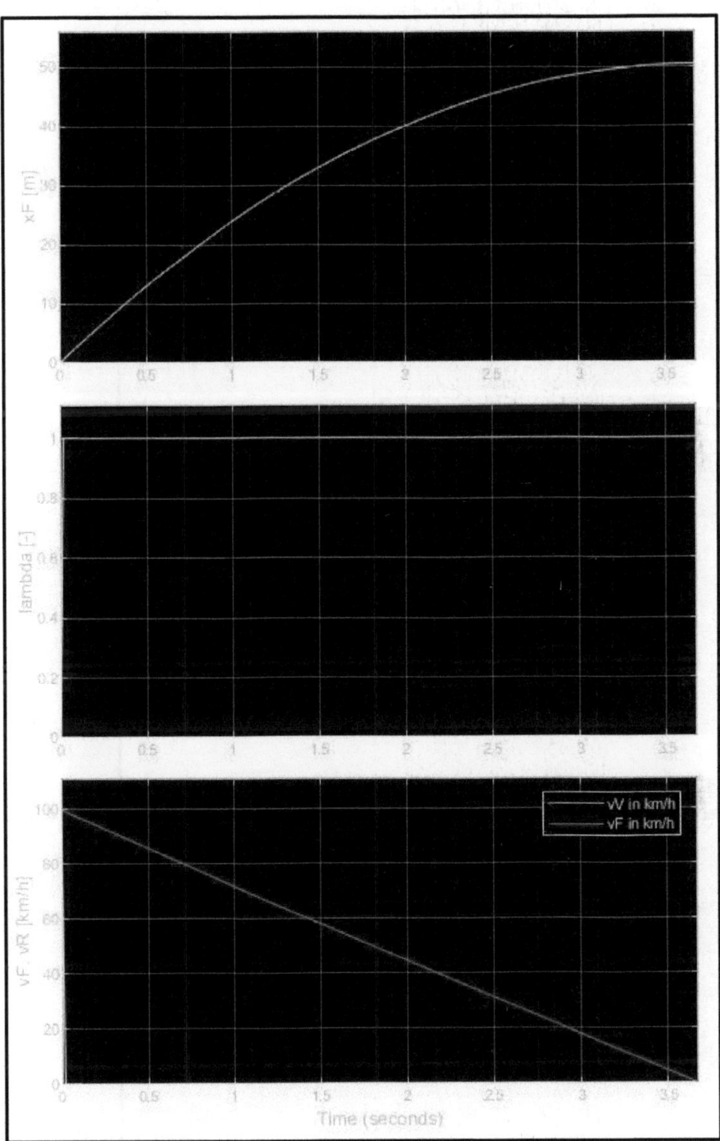

Abbildung 18 Simulationsaufzeichnung mit m=1000 kg und v0=100 km/h

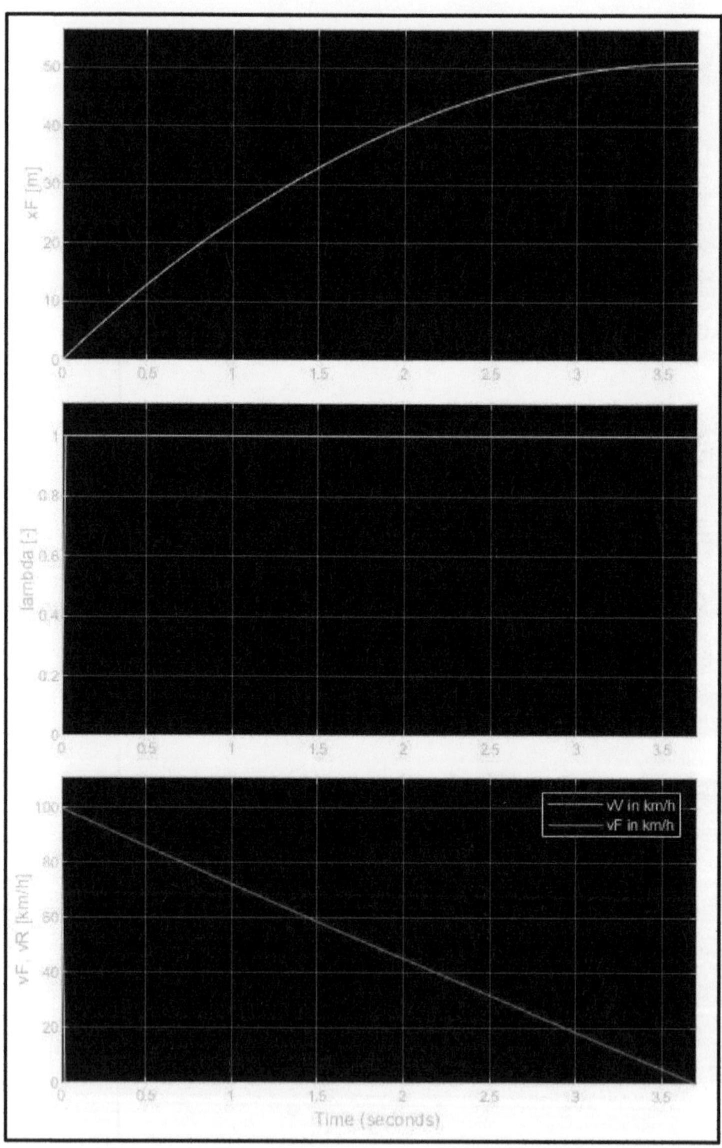

Abbildung 19 Simulationsaufzeichnung mit m=1500 kg und v0=100 km/h

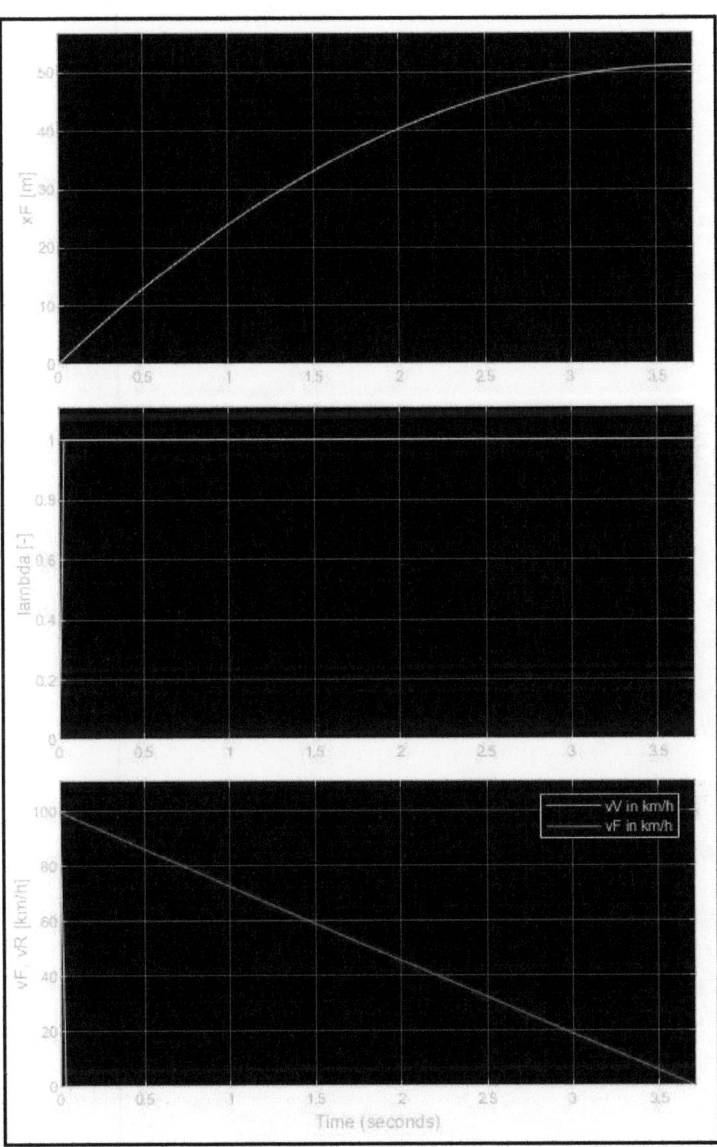

Abbildung 20 Simulationsaufzeichnung mit m=2000 kg und v0=100 km/h

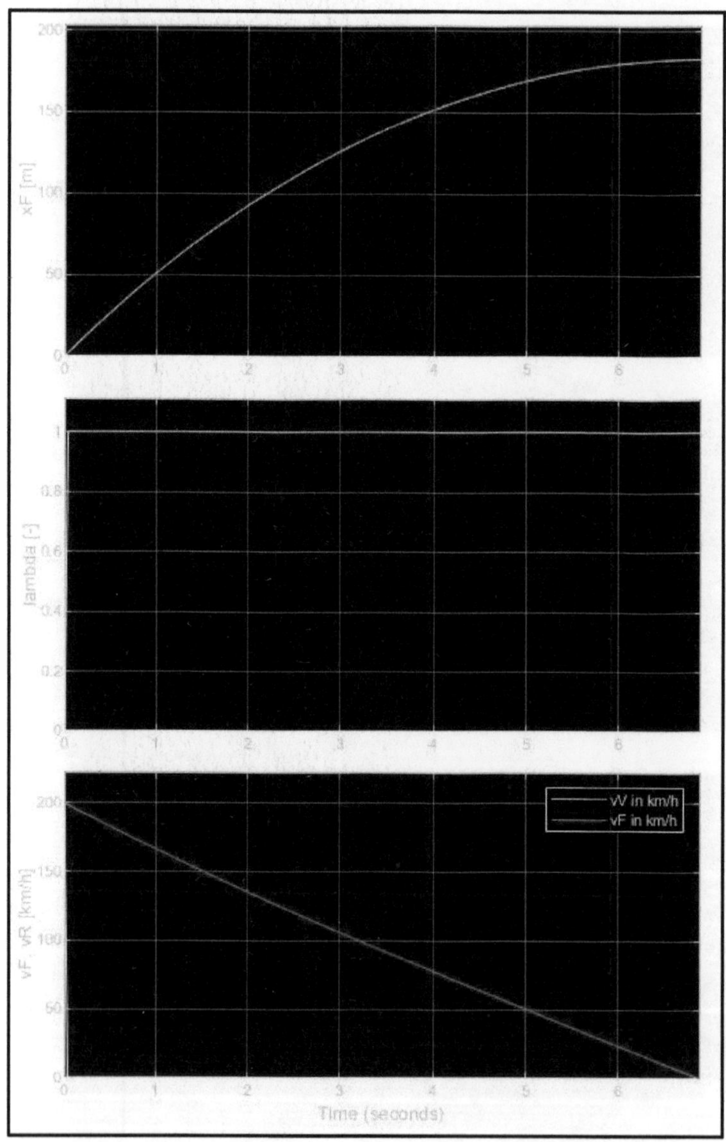

Abbildung 21 Simulationsaufzeichnung mit m=1000 kg und v0=200 km/h

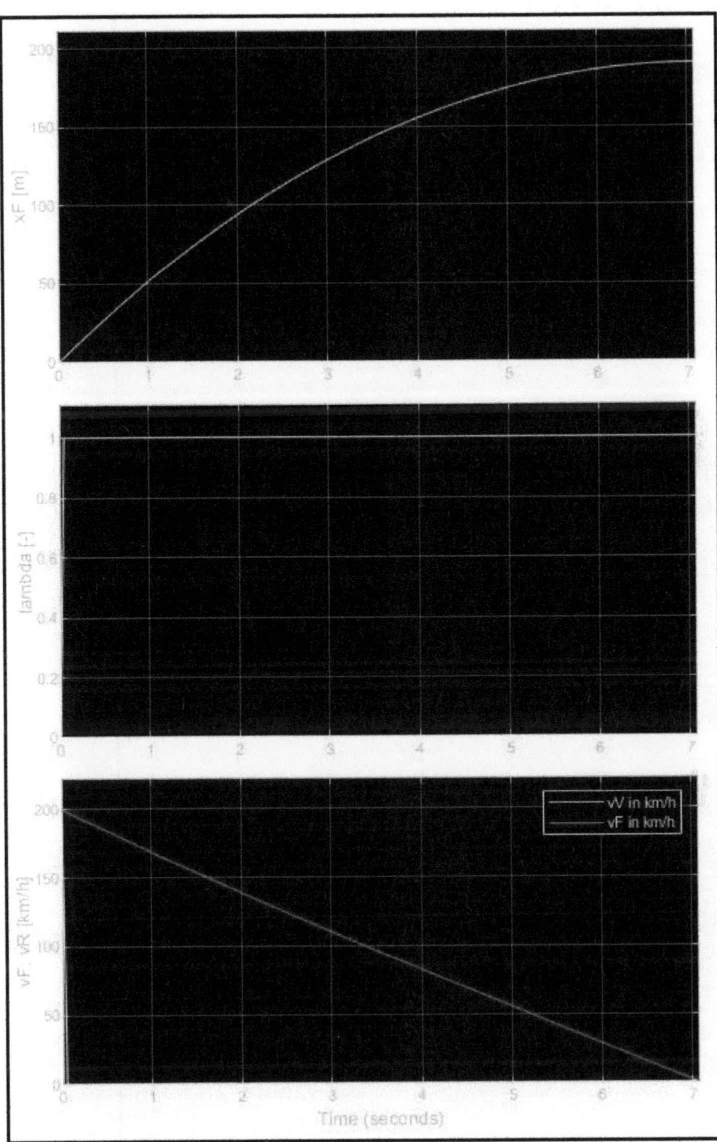

Abbildung 22 Simulationsaufzeichnung mit m=1500 kg und v0=200 km/h

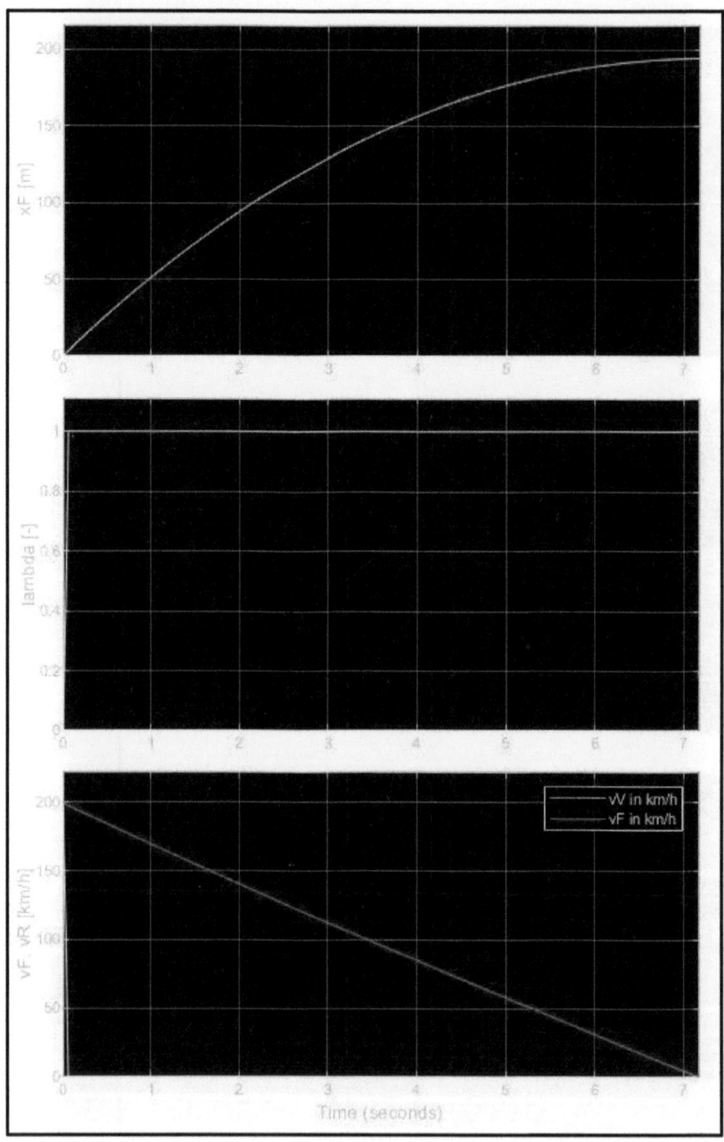

Abbildung 23 Simulationsaufzeichnung mit m=2000 kg und v0=200 km/h

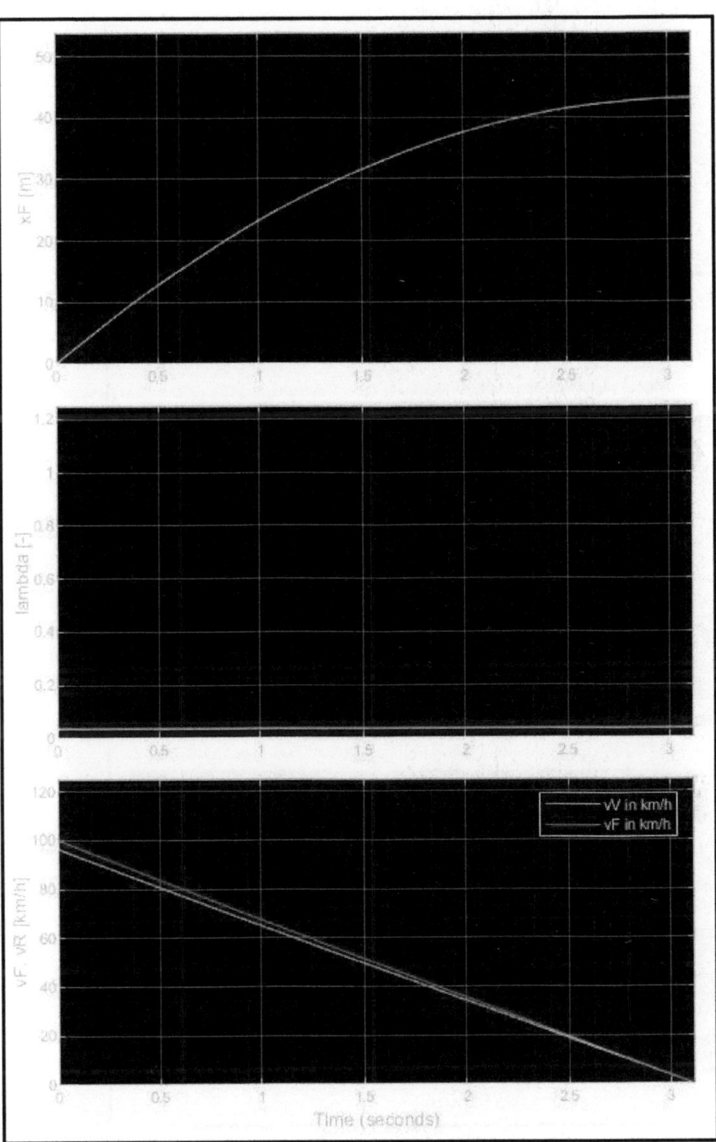

Abbildung 24 Simulationsaufzeichnung mit MBV=2000 Nm

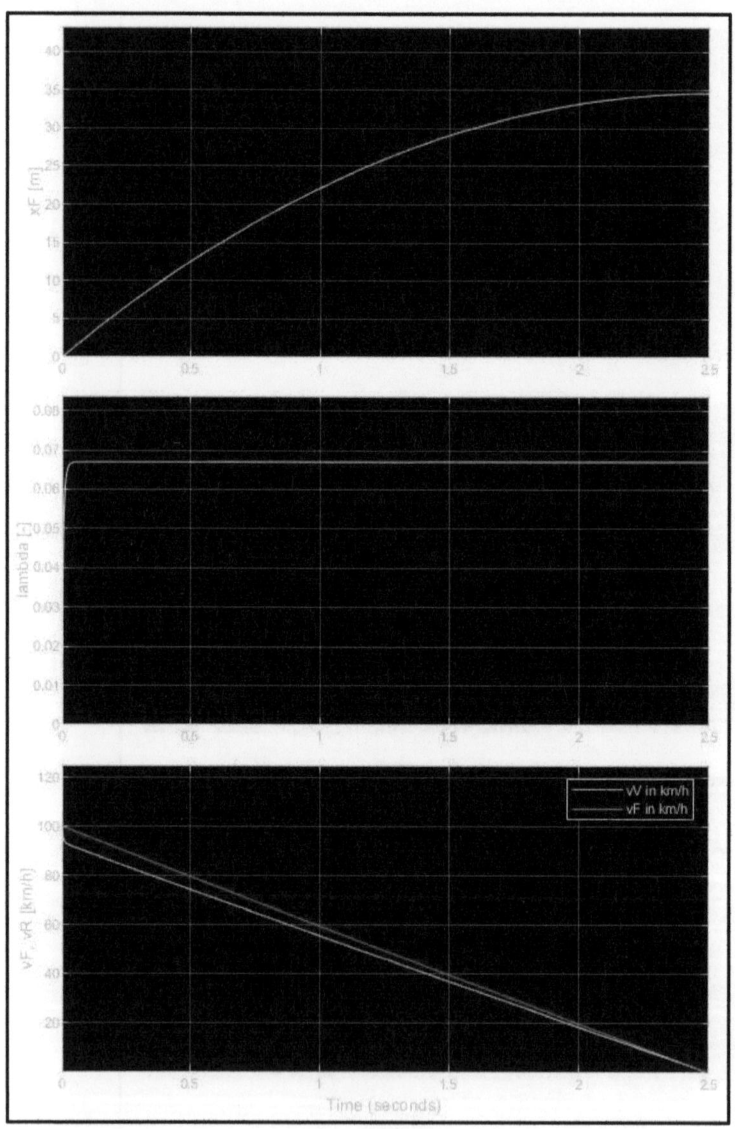

Abbildung 25 Simulationsaufzeichnung mit MBV=2500 Nm

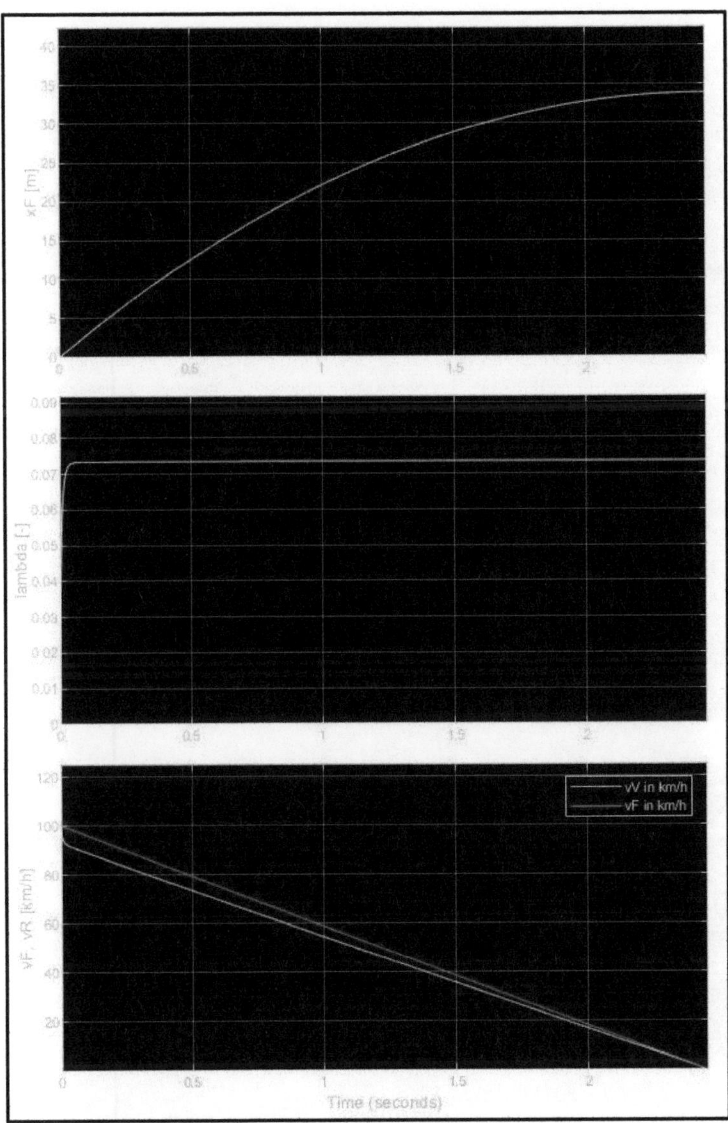

Abbildung 26 Simulationsaufzeichnung mit MBV=2550 Nm

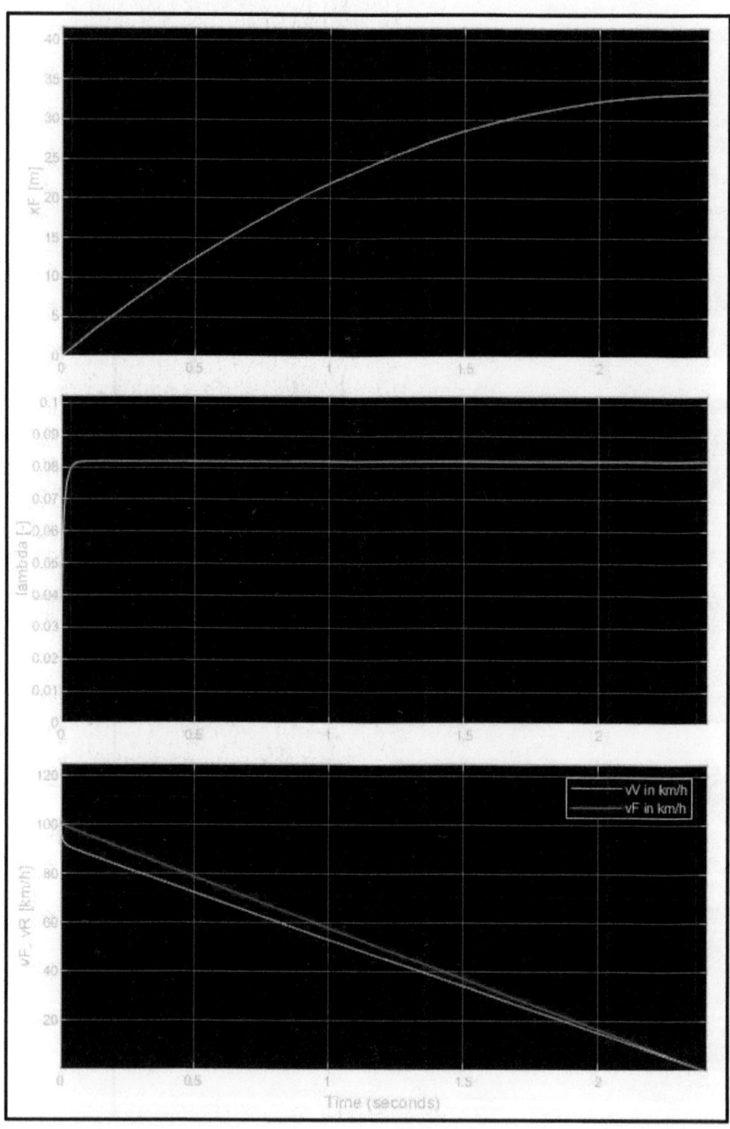

Abbildung 27 Simulationsaufzeichnung mit MBV=2600 Nm

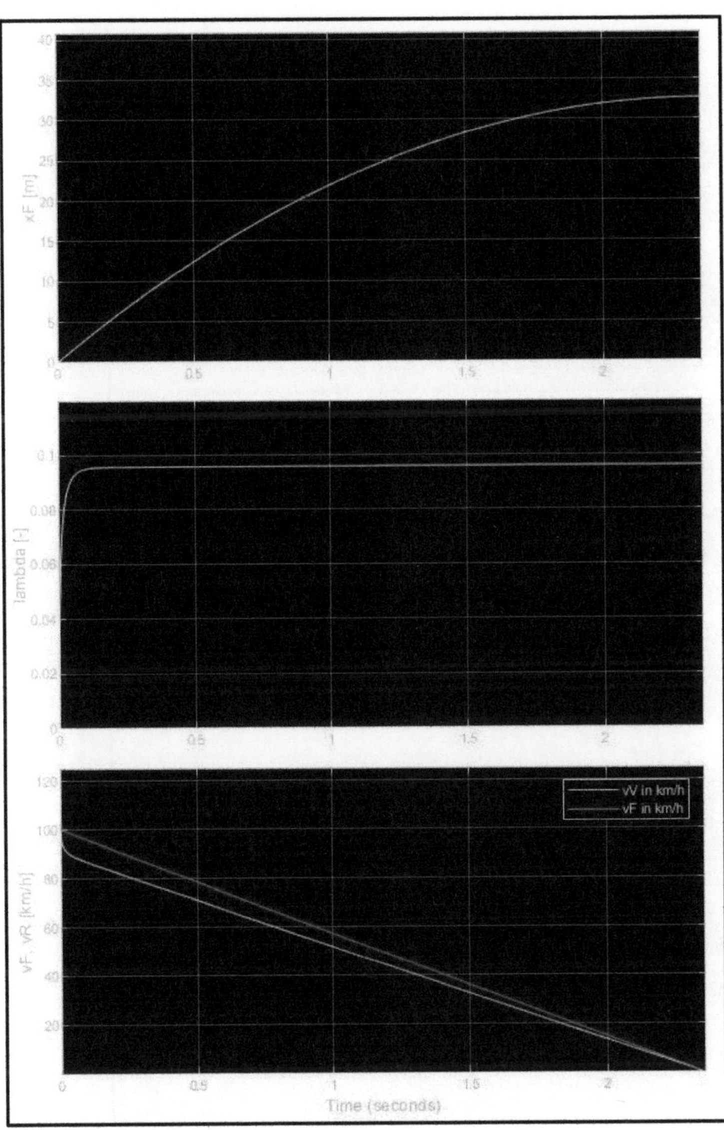

Abbildung 28 Simulationsaufzeichnung mit MBV=2650 Nm

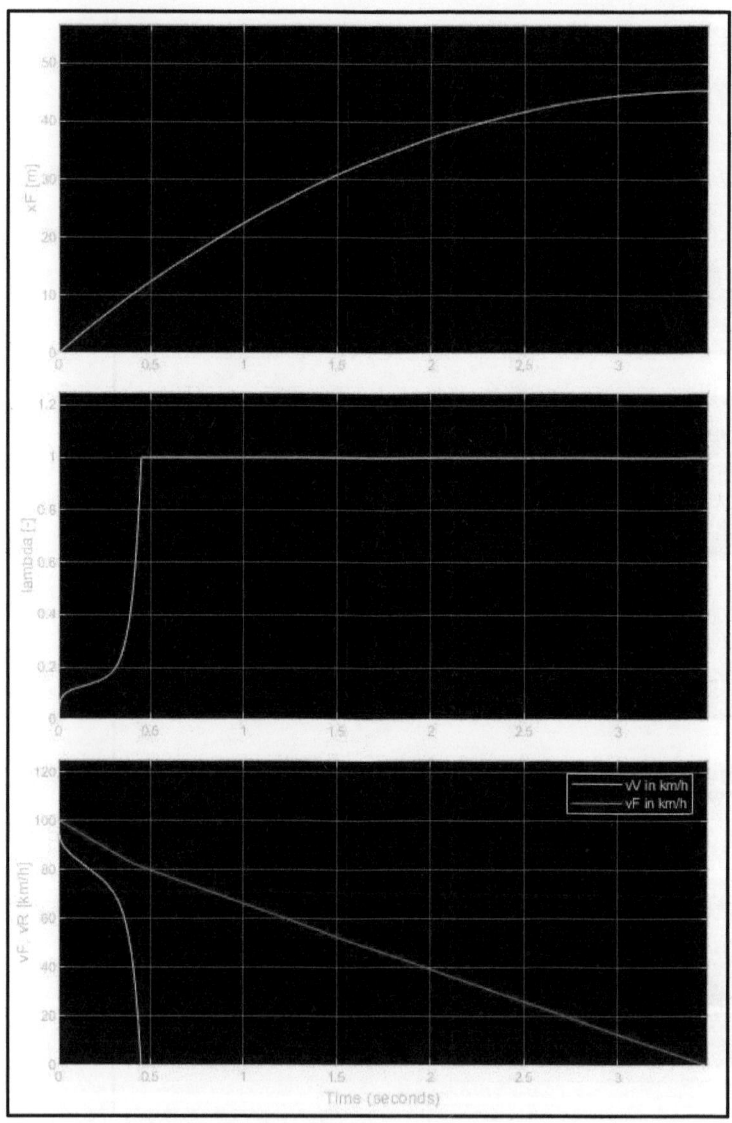

Abbildung 29 Simulationsaufzeichnung mit MBV=2700 Nm

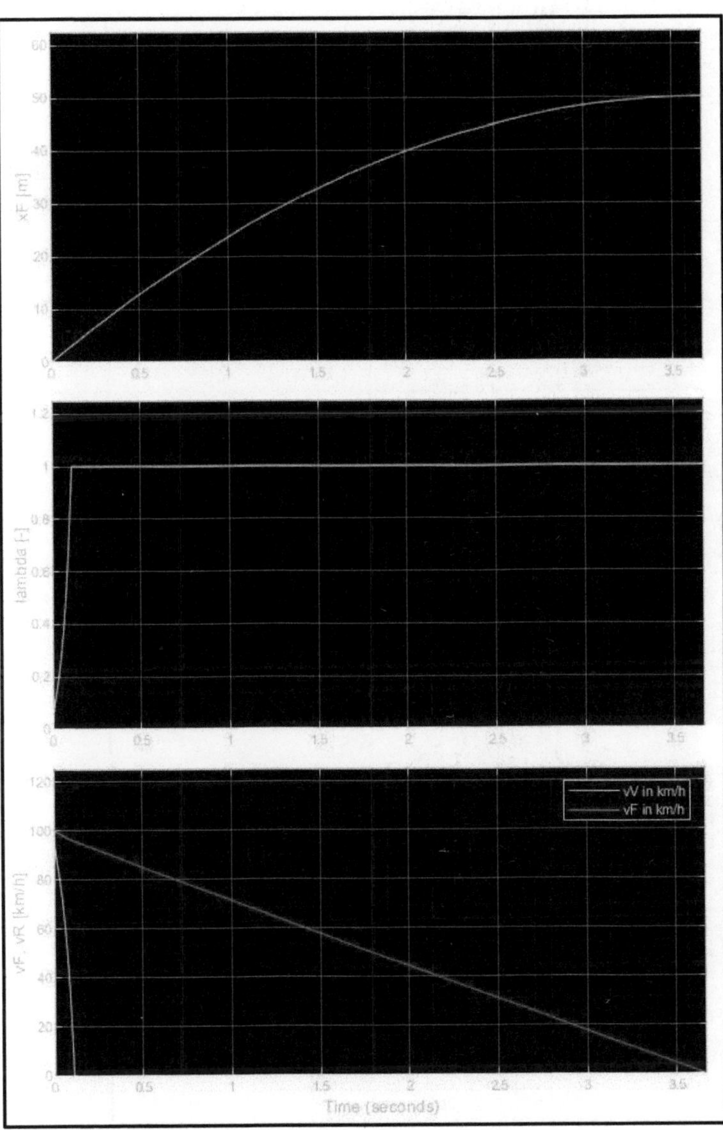

Abbildung 30 Simulationsaufzeichnung mit MBV=3000 Nm

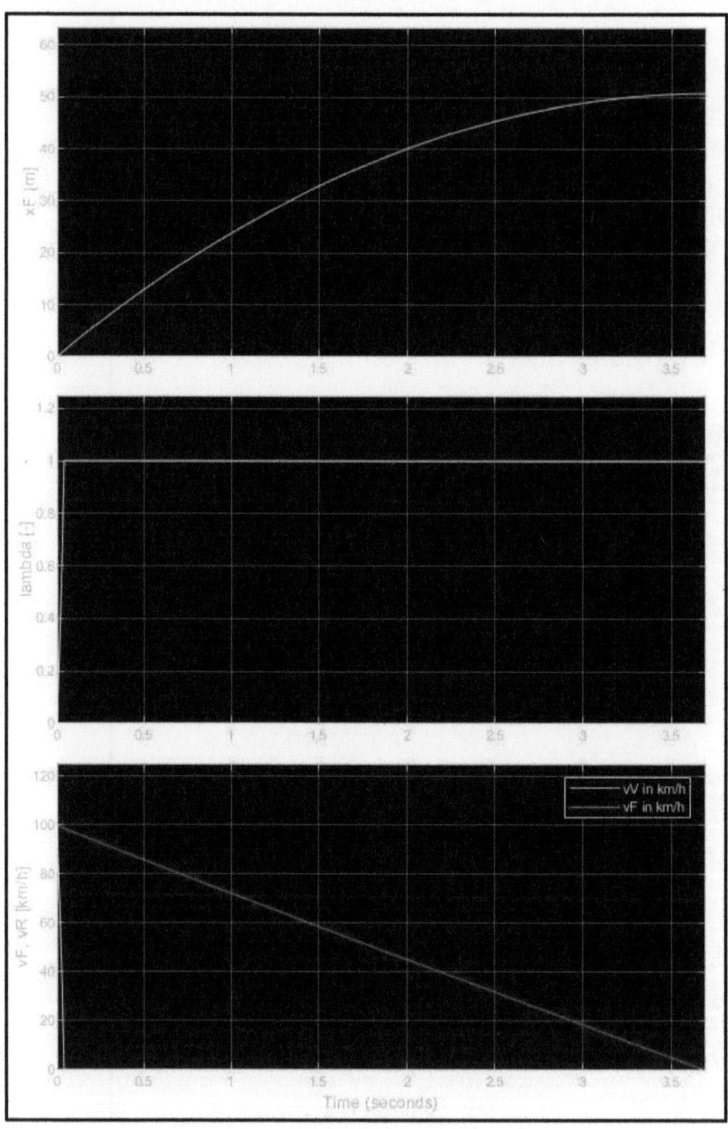

Abbildung 31 Simulationsaufzeichnung mit MBV=4000 Nm

m	vF,0	MBV	xF
1000 kg	50 km/h	5335 Nm	12,94 m
1000 kg	100 km/h	5335 Nm	50,39 m
1000 kg	200 km/h	5335 Nm	182,80 m
1500 kg	50 km/h	5335 Nm	12,97 m
1500 kg	100 km/h	5335 Nm	50,95 m
1500 kg	200 km/h	5335 Nm	190,40 m
2000 kg	50 km/h	5335 Nm	12,97 m
2000 kg	100 km/h	5335 Nm	51,18 m
2000 kg	200 km/h	5335 Nm	194,30 m

Tabelle 2 Bremswege in Abhängigkeit von m und vF,0

m	vF,0	MBV	xF
1500 kg	100 km/h	2000 Nm	43,04 m
1500 kg	100 km/h	2200 Nm	39,21 m
1500 kg	100 km/h	2500 Nm	34,59 m
1500 kg	100 km/h	2550 Nm	33,92 m
1500 kg	100 km/h	2600 Nm	33,28 m
1500 kg	100 km/h	2650 Nm	32,67 m
1500 kg	100 km/h	2700 Nm	45,37 m
1500 kg	100 km/h	3000 Nm	50,01 m
1500 kg	100 km/h	4000 Nm	50,77 m
1500 kg	100 km/h	5335 Nm	50,95 m

Tabelle 3 Bremswege in Abhängigkeit von MBV

Literaturverzeichnis

Eichhorn, Ulrich u. a.: Fahrzeugtechnische Anforderungen, hrsg. von Bert Breuer/Karlheinz H. Bill: Bremsenhandbuch: Grundlagen, Komponenten, Systeme, Fahrdynamik, 5. aktualisierte und ergänzte Auflage, Wiesbaden 2017, S. 27–53.

Ersoy, Metin/Gies, Stefan: Fahrwerkhandbuch, Wiesbaden 2017.

Huinink, Heinrich/Volk, Heiner/Becke, Manfred: Interaktion Fahrbahn-Reifen-Bremse, hrsg. von Bert Breuer/Karlheinz H. Bill: Bremsenhandbuch: Grundlagen, Komponenten, Systeme, Fahrdynamik, 5. aktualisierte und ergänzte Auflage, Wiesbaden 2017, S. 71–92.

o. V.: DIN - Deutsches Institut für Normung, hrsg. von DIN - Deutsches Institut für Normung, <https://www.din.de/> (Zugriff am 2019-01-04).

o. V.: ISO - International Organization for Standardization, hrsg. von ISO - International Organization for Standardization, <https://www.iso.org/> (Zugriff am 2019-01-04).

o. V.: VDI Verein Deutscher Ingenieure: Sprecher, Gestalter, Netzwerker, hrsg. von VDI Verein Deutscher Ingenieure, <https://www.vdi.de/> (Zugriff am 2018-12-17).

Pickenhahn, Josef/Straub, Thomas: Auslegung und Simulation von Pkw-Bremsanlagen, hrsg. von Bert Breuer/Karlheinz H. Bill: Bremsenhandbuch: Grundlagen, Komponenten, Systeme, Fahrdynamik, 5. aktualisierte und ergänzte Auflage, Wiesbaden 2017, S. 93–121.

Pietruszka, Wolf Dieter: MATLAB® und Simulink® in der Ingenieurpraxis, Wiesbaden 2014.

Pischinger, Stefan/Seiffert, Ulrich: Vieweg Handbuch Kraftfahrzeugtechnik, Wiesbaden 2016.

Reif, Konrad: Grundlagen Fahrzeug- und Motorentechnik im Überblick, Wiesbaden 2016.

Roddeck, Werner: Einführung in die Mechatronik, Wiesbaden 2016.

Scherf, Helmut: Systemanalyse - Modellbildung und Simulation dynamischer Systeme, AKAD-Studienbrief SYA812-RE, o. O. o. J.

Tempelmeier, Horst: Modellierung logistischer Systeme, Berlin, Heidelberg 2018.

Winner, Hermann u. a.: Handbuch Fahrerassistenzsysteme, Wiesbaden 2015.

Wolff, Claus: Grundlegendes zum Bremsvorgang, hrsg. von Bert Breuer/Karlheinz H. Bill: Bremsenhandbuch: Grundlagen, Komponenten, Systeme, Fahrdynamik, 5. aktualisierte und ergänzte Auflage, Wiesbaden 2017, S. 15–25.